Gerencia de Proyectos de Construcción

Prefacio

Guía para gerenciar una obra, dirigida a estudiantes con interés de prepararse para un curso o para cualquier persona interesada en empezar su propio proyecto de construcción y que necesite de una estructura teórica que le lleve a una buena conclusión de su proyecto.

Cada lección viene con una explicación de conceptos y procesos. Además tiene actividades y guías que le permitirán organizar su proyecto constructivo durante sus distintas etapas y hacer un seguimiento del avance de su obra.

Al finalizar esta guía se espera que el lector entienda los fundamentos de la gerencia de construcción de proyectos y las herramientas requeridas para manejar los proyectos exitosamente. Pueda explicar como el cronograma y el presupuesto son usados como controles en una construcción. Sepa identificar los problemas en cuadrar, manejar y cerrar una obra y desarrollar una estrategia efectiva para resolverlos.

Tabla de Contenidos

ETAPA DE PLANEACIÓN
CONTRATO, PLANOS Y ESPECIFICACIONES
PRESUPUESTO Y ENTREGAS
CRONOGRAMA Y PLAN DE COMPRAS
CAMINO CRÍTICO Y VEEDURÍA
ENTREGA DE LA OBRA

ETAPA DE PLANEACIÓN

Objetivos

- Definir su proyecto
- Identificar la mano de obra y los controles requeridos para un proyecto
- Desarrollar una estrategia efectiva de gerencia.

QUE DEFINE UN PROYECTO?

- Los proyectos tienen un objetivo
- Los proyectos representan una tarea específica
- Los proyectos toman cierto tiempo en completarse
- Los proyectos usan recursos

¿CUAL ES EL ALCANCE DE LA OBRA?

Es el trabajo detallado por los dibujos y las especificaciones técnicas. Es el trabajo requerido como parte del contrato.

Cliente: Luz María

Título del Proyecto: Construcción de Segundo Piso

Descripcion del Proyecto: La obra consiste en construir un segundo piso sobre la terraza de una casa ya existente. Sobre una plancha de 10m x 5m, levantar muros y construir una casa con 2 baños, 3 alcobas, una cocina, una sala y un balcón. El Segundo piso tendrá como techo una plancha preferiblemente en blóquelon, desde la que se podrá acceder por escaleras desde el segundo piso. Al Segundo piso se acedera por escaleras caracol externas. La obra deberá dejarse en obra blanca, con acabados, y servicios de acueducto, alcantarillado y eléctrico

Ubicacion: Calle 54 & Carrera 108

Duracion: 3 a 4 meses

Costo: 25 a 35 millones COP

Cliente:	
Titulo del Proyecto:	
Descripcion del Proyecto:	
Ubicacion:	
Duracion:	
Costo:	

INTEGRANTES DE UN PROYECTO

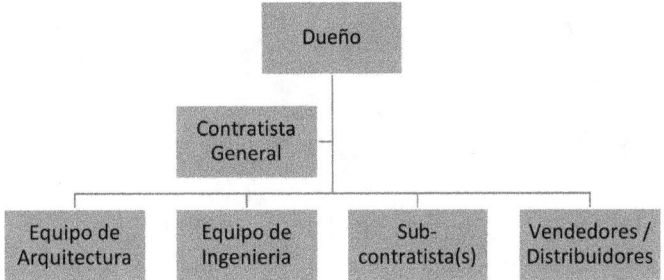

PARTICIPANTES DE UN PROYECTO
- Curaduría
- Inversionistas/Prestamistas
- Vecinos
- Usuario Final/Cliente

PARTICIPANTES DEL PROYECTO	NOMBRE	TELEFONO	EMAIL/WHATSAPP
DUEÑO	Luz Maria	347-454-9823	luxmaria@construcali.com
CONTRATISTA GENERAL	Constructora DM	947-576-3456	constructoradm@construcali.com
EQUIPO DE ARQUITECTURA	Diana Martinez	317-325-4225	arquitectadm@construcali.com
EQUIPO DE INGENIERIA	Alfonso Lopez	317-478-9879	ingenieroal@construcali.com
SUBCONTRATISTA	Pedro Rodriguez	316-455-3890	pedrorodriguez@construcali.com
FERRETERIA	Proveedor Esquina	317-9293-3879	ferreteriaesquina@construcali.com

PARTICIPANTES DEL PROYECTO	NOMBRE	TELEFONO	EMAIL/WHATSAPP
DUEÑO			
CONTRATISTA GENERAL			
EQUIPO DE ARQUITECTURA			
EQUIPO DE INGENIERIA			
SUBCONTRATISTA			
FERRETERIA			

¿QUÉ ES GERENCIA DE PROYECTOS?

Gerencia de proyectos es la aplicación de conocimiento, herramientas, habilidades y técnicas en actividades para alcanzar los requisitos de un proyecto.

CONDICIONES TÍPICAS DE UN PROYECTO

- ✧ Alcance de la Obra
- ✧ Calidad
- ✧ Riesgo
- ✧ Costo
- ✧ Tiempo

ETAPAS DE UNA OBRA

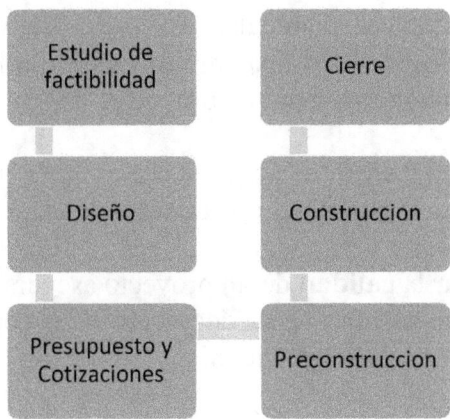

Los gerentes trabajan con los inversionistas, el equipo y otras personas involucradas en la obra para definir, comunicar y alcanzar objetivos. Los gerentes deben no solo completar el trabajo específico de la obra, dentro del tiempo, costo, y con la calidad requerida en los proyectos, también deben facilitar todo el proceso para alcanzar las necesidades y las expectativas de la gente involucrada o afectada por las actividades del proyecto.

RESPONSABILIDADES DE UN GERENTE DE PROYECTOS

Manejar el **alcance** de un proyecto requiere trabajar con todos los participantes para definir, llegar a un acuerdo escrito y manejar todo el trabajo requerido para completar el proyecto exitosamente.

Manejar el **tiempo** del proyecto incluye estimar cuanto tomará completar el trabajo, desarrollar un cronograma aceptable dado el costo-efectividad del uso de los recursos disponibles y asegurar la terminación a tiempo del proyecto.

Manejar el **costo** de un proyecto consiste en preparar y manejar el presupuesto de un proyecto.

Manejar la **calidad** de un proyecto asegura que el proyecto satisfacerá los documentos del contrato y las expectativas del dueño.

Manejar los **recursos humanos** del proyecto se centra en hacer uso efectivo de la gente involucrada en el proyecto.

Manejar las **comunicaciones** de un proyecto requiere generar, reunir, diseminar y guardar la información de un proyecto.

Manejar el **riesgo** de un proyecto incluye identificar, analizar y responder a los riesgos relacionados con el proyecto.

Manejar las **cotizaciones** de un proyecto requiere adquirir o conseguir los productos y servicios para el proyecto fuera de su organización.

Poner todas las piezas juntas se llama **integración**.

CONTRATO, PLANOS Y ESPECIFICACIONES

Objetivos

- ✧ Escribir el Contrato
- ✧ Los códigos en el diseño
- ✧ Las especificaciones en los planos
- ✧ Hacer los planos
- ✧ Mantener las Condiciones Generales

¿QUÉ ES UN CONTRATO OBRA?

Es esencia un documento que brinda claridad al dueño y al contratista de que se espera de ambas partes, cuales son sus labores a cumplir y cuales son las entregas finales de la obra. Si en su mente como dueño o dueña hay algún detalle, algún acabado específico, alguna condición importante, tenga presente ponerla por escrito en el contrato para que el contratista sepa que se espera de su trabajo desde un principio.

- ✧ Los elementos de un contrato son:
    - ■ Datos: nombre, apellidos, edad, número de cédula, domicilio del contratista y del contratante.
    - ■ Objeto de Contrato: Se describe lo que va a realizar el contratista y se determina cual es el alcance de los trabajos.

- Plazo: Se establecen unas fechas de inicio y terminación de la obra.
- Valor: El costo de los trabajo y establecer si este cubre la mano de obra y los materiales.
- Forma de Pago: La forma en que se harán los pagos, efectivo, transferencia, cheque y de un solo contado o en cuantos pagos. Esto lo determina la modalidad del contrato.
- Modalidades de contrato:Solo mano de obra: los materiales los suministra el propietario
- A todo costo: Se pacta un valor que incluye la mano de obra y los materiales.
- Por Jornales: Al final de cada día, el maestro recibe el pago, lo ideal en este tipo de contratos es pactar tiempos de entrega.
- Por obra ejecutada: Cada vez que hace una entrega de un trabajo recibe una determinada cantidad de dinero.
- Derechos y Responsabilidades: Debe listar los derechos y obligaciones que cada parte tendrá a lo largo de la realización de la obra.
- Causas de extinción del contrato: Motivos por los cuales se terminara el contrato, puede ser por pérdida, renuncia, muerte, tiempo de entrega o incluso alguna otra razón como motivos de fuerza mayor.
- Detalles Explícitos: El contratista debe decirnos cualquier información específica acerca del trabajo que vaya a hacer de importancia para su trabajo como de que parte de su trabajo él no se encargara o si algún otro contratista hará parte de su

trabajo o les colaborará con otra labor, o la garantía de ciertos materiales o el seguro que deba tener una obra, etc.

■ Firma y Fecha: El contrato debe llevar la firma del contratista y contratante y la fecha de cuando se firma. Es buena práctica poner el lugar donde se firma.

Declaraciones y Clausulas

Primera: EL CONSTRUCTOR se compromete a construir una casa sobre la terraza de un primer piso para EL CONTRATANTE que contara con 2 baños, 3 alcobas, una cocina, una sala y un balcón en conformidad con el plano y diseño entregado por éste, y que se anexa al presente contrato.

Segunda: EL CONTRATANTE se compromete en poner todos los materiales correspondientes.

Tercera: EL CONSTRUCTOR se compromete a construir dicha vivienda conforme a los planos y especificación de materiales que se anexan al presente contrato, en el plazo de 4 meses, que comenzará a contar a partir del día primero de Agosto del presenta año.

Cuarta: EL CONTRATANTE acuerda con EL CONSTRUCTOR la suma de 10,000,000 (10 MILLONES DE PESOS) en forma de pago por la mano de obra en la construccion de la vivienda conforme a los planos y especificaciones que se anexan al presente contrato.

Quinta: EL CONTRATANTE aportara el pago en 3 partes: Al inicio como anticipo $2,500,000. Al intermedio con el 60% de la obra terminada, $2,500,000. Y al final con la obra totalmente culminada se entregara el ultimo pago de $5,000,000.

Sexta: si EL CONSTRUCTOR incurriera en grave incumplimiento de las obligaciones que contrae en este contrato tales como no iniciar la obra en el plazo convenido, paralizar las obras por 10 dias corridos por causas imputable al EL CONSTRUCTOR, y si existe notoria incapacidad tecnica de EL CONSTRUCTOR. EL CONTRATANTE podra solicitar la claudicacion del contrato al tribunal competente y EL CONSTRUCTOR debera pagar una indemnizacion de $2,500,000 a EL CONTRATANTE.

Declaraciones y Clausulas:

Primera:

Segunda:

Tercera:

Cuarta:

Quinta:

Sexta:

✧ Dibujos: Los planos de una obra sirven durante su desarrollo para establecer lo que se quiere, lo

que se puede y eliminar con anticipación posible problemas futuros. Además cumplen tres funciones claves:
- Conseguir los permisos o licencias de la obra
- Solicitar un presupuesto detallado
- Como guía en el proceso de construcción de la casa
- Planos Iniciales:
  - Planos arquitectónicos: muestran el tamaño general de los espacios y su distribución, los muebles, parqueo, etc.
  - Planos estructurales: aquí se ven las estructuras principales de la construcción como son los cimientos, columnas, vigas, muros, losas.
  - Planos eléctricos: muestran las instalaciones eléctricas de una casa, es decir donde se ubican las salidas de iluminación y contactos.
  - Planos hidrosanitarios: aquí se ven los detalles de las tuberías, las cajas de registro, sanitarios, duchas, sifones. Todo lo que tenga relación con el agua.

Planos Arquitectónicos

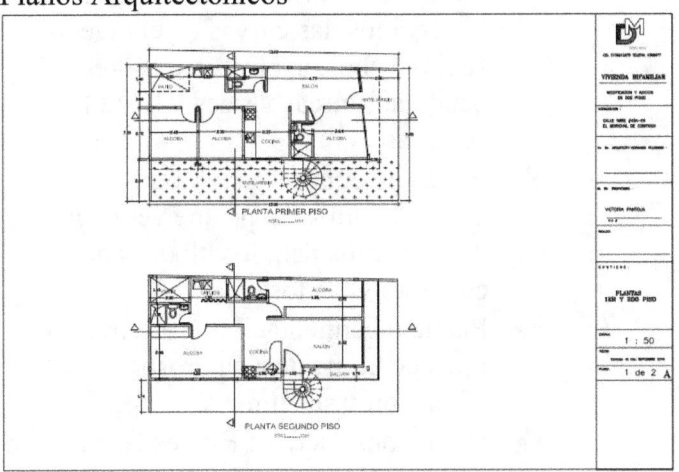

■ Planos detalle: Una vez se ha definido el proyecto básico con necesidades y posibilidades, el siguiente paso es hacer planos más detallados.
  ◆ Planta Arquitectónica y fachada con Niveles: es el dibujo que presenta en escala una sección horizontal de la casa. Aquí se ve la figura que forman los muros a una altura determinada para que tengas idea de las características de la construcción. Estos planos se ven como si cortaras la casa por la parte superior.
  ◆ Fachada con niveles: La fachada es el exterior del edificio, aunque en general se refiere a la parte delantera o principal. El plano es como si vieras de frente tu casa.
  ◆ Planta de conjunto: Es un plano visto desde arriba donde se muestran todos los elementos del proyecto. Esto

incluye las dimensiones del terreno, los vecinos, las curvas en el nivel del suelo, techos, azoteas, exteriores, banquetas, áreas verdes y hasta las sombras.
◆ Planta de entrepiso, cubiertas y azotea: Aquí se tiene que ver el grueso de los muros para los bloques de concreto y las losas.
◆ Planta de cimentación: Muestran los tipos de cimientos, su grosor, su ubicación y sus límites.
◆ Corte constructivo: Este es la parte donde se muestran detalles de distintas partes de la construcción en donde se unen varios elementos y materiales para que quede claro cómo lo vas a hacer.
◆ Si es ampliación, necesitas un plano donde se defina claramente lo ya existente y lo nuevo que se va a construir.

PLANOS	Fecha
PLANTA ARQUITECTONICA	
ESTRUCTURALES	
ELECTRICOS	
HIDROSANITARIOS	
FACHADA CON NIVELES	
PLANTA DE ENTREPISO CUBIERTAS Y AZOTEA	
PLANTA DE CIMENTACION	
PLANTA DE CONJUNTO	
CORTE CONSTRUCTIVO	

- ✧ Especificaciones: Se refiere a las características de calidad que deben tener los materiales que se emplearán en la edificación de la obra. Estas especificaciones pueden estar estipuladas en el contrato, aunque usualmente se denotan en las notas de los planos.
- ✧ Códigos: Se refiere a las leyes o reglas que debe cumplir su diseño de acuerdo a el terreno donde se vaya a construir. Por ejemplo si va a construir en una zona rural puede que no se le permita usar ciertos materiales o ciertos métodos de construcción. Igual si va a construir en una zona residencial o comercial o industrial. Tal vez la casa la vaya a construir en una parte antigua de la ciudad o en un conjunto cerrado donde tiene que mantener ciertas normas para la fachada o ciertas restricciones de altura. Aquí también entran las normas sismológicas que existan para la zona donde se va a construir o el tipo de terreno si es montañoso en una pendiente o sobre un plan, o cerca a un río, que tipos de construcciones las normativas permiten.

PRESUPUESTO Y ENTREGAS

Objetivos

- Hacer el Presupuesto
- Etapas del Diseño
- Preconstrucción
- Adquisiciones

¿Qué es un presupuesto?
Es una estimación razonable del costo del proyecto basada en los planos, especificaciones y contrato.

¿Qué es un análisis de precio unitario (apu)?
Es una metodología que permite desglosar el costo de ejecución de una actividad específica de un proyecto en su unidad de medida mínima. Como se puede notar en el ejemplo, estos análisis incluyen la mano de obra. El valor de la herramienta menor es el 5% de la suma de los desgloses anteriores. Este análisis a su vez tiene un artículo que puede ser desglosado en otro análisis detallado como lo es el MORTERO 1:4.

MURO DIVISORIO BLOQUE ESTRIADO NO 5 POR M2	U.M.	CANTIDAD	PRECIO UNITARIO	PRECIO TOTAL
BLOQUE NO 5 P-H TE 33X11.5X23CM	UN	13.48	$2,058	$27,742
HORA CUADRILLA AA – PRESTACIONES	HC	0.50	$18,290	$9,145
MORTERO 1:4	M3	0.01	$223,592	$2,236
HERRAMIENTA MENOR	%	5		$1,956
				$41,079

MURO DIVISORIO BLOQUE ESTRIADO NO 5 POR M2	U.M.	CANTIDAD	PRECIO UNITARIO	PRECIO TOTAL
BLOQUE NO 5 P-H TE 33X11.5X23CM	UN	13.48		
HORA CUADRILLA AA – PRESTACIONES	HC	0.50		
MORTERO 1:4	M3	0.01		
HERRAMIENTA MENOR	%	5		

BUSCAR LA INFORMACIÓN

La información de análisis de precios unitarios se puede encontrar en el internet, en páginas web como construcali.com, construdata.com, etc. También hay publicaciones que se pueden adquirir con esta información actualizada. Con esta información se pueden comparar diferentes métodos para construir.

CALCULAR EL VALOR DE LAS PAREDES DE LA CASA	CANTIDAD	U.M.	PRECIO UNITARIO	PRECIO TOTAL
MURO DIVISORIO BLOQUE ESTRIADO NO 5 POR M2	127	M2	$39,123	$4,968,621

CALCULAR EL VALOR DE LAS PAREDES DE LA CASA	CANTIDAD	U.M.	PRECIO UNITARIO	PRECIO TOTAL
MURO DRYWALL DOBLE CARA E=10CM	127	M2	$55,462	$7,043,674

CALCULAR EL VALOR DE LAS PAREDES DE LA CASAV	CANTIDAD	U.M.	PRECIO UNITARIO	PRECIO TOTAL
MURO DIVISORIO BLOQUE ESTRIADO NO 5 POR M2		M2		

CALCULAR EL VALOR DE LAS PAREDES DE LA CASA	CANTIDAD	U.M.	PRECIO UNITARIO	PRECIO TOTAL
MURO DRYWALL DOBLE CARA E=10CM		M2		

De donde se obtienen las cantidades?
Las cantidades se obtienen principalmente de los planos, he ahí uno de los motivos principales para tener unos diseños antes de empezar la obra.

PRESUPUESTO DE UNA CASA BASADO EN CIERTAS ACTIVIDADES	CANTIDAD	UNIDAD	PRECIO UNITARIO	PRECIO TOTAL
COLUMNA 40 X 30CM	32.5	ML	$189,102	$6,145,815
PLACA FACIL BLOQUELON	62.48	M2	$117,332	$7,330,903
INSTALACIONES SANITARIAS	10	ML	$480,000	$4,800,000
INSTALACIONES ELECTRICAS	194	ML	$19,622	$3,806,668
FACHADA MURO BLOQUE CONCRETO ESTRUCTURAL 19CM	59	M2	$98,903	$5,835,277
PAREDES DRYWALL DOBLE CARA E=10CM	127	M2	$58,235	$7,395,845
PISO CERAMICA 57.5X57.5CM	62.48	M2	$35,682	$2,229,411
ENCHAPE BANOS Y COCINA, CERAMICA 20.5CMX30.5CM	44	M2	$42,377	$1,864,588
ESTUCO Y VINILO 3 MANOS	191	M2	$20,447	$3,905,377
PUERTA ARQUITECTONICA MADERA	4	UN	$168,218	$672,872
VENTANA CORREDIZA 1.2 X 1.2 VIDRIO 3MM	4	UN	$156,871	$627,484
PLACA CONCRETO 3000 PSI 10 CM MALLA ELECTROSOLDADA	62.48	M2	$101,887	$6,365,900
				$50,980,140

PRESUPUESTO DE UNA CASA BASADO EN CIERTAS ACTIVIDADES	CANTIDAD	UNIDAD	PRECIO UNITARIO	PRECIO TOTAL
COLUMNA 40 X 30CM		ML		
PLACA FACIL BLOQUELON		M2		
INSTALACIONES SANITARIAS		ML		
INSTALACIONES ELECTRICAS		ML		
FACHADA MURO BLOQUE CONCRETO ESTRUCTURAL 19CM		M2		
PAREDES DRYWALL DOBLE CARA E=10CM		M2		
PISO CERAMICA 57.5X57.5CM		M2		
ENCHAPE BANOS Y COCINA, CERAMICA 20.5CMX30.5CM		M2		
ESTUCO Y VINILO 3 MANOS		M2		
PUERTA ARQUITECTONICA MADERA		UN		
VENTANA CORREDIZA 1.2 X 1.2 VIDRIO 3MM		UN		
PLACA CONCRETO 3000 PSI 10 CM MALLA ELECTROSOLDADA		M2		

Un presupuesto detallado debe incluir:

- Análisis Geométrico: Significa el estudio de los planos de construcción, es decir la determinación de la cantidad de volúmenes y acabados en la obra (cómputos métricos, análisis de precios unitarios).
- El presupuesto viene estructurado con una columna que identifica los trabajos a ejecutar, otra correspondiente a su cantidad en unidades geométricas, m2, ml, unidad, etc y las columnas respectivas que suministran el valor unitario por mano de obra y material. Estos valores se multiplican por las cantidades y se obtienen los subtotales que se suman y dan el valor de ese trabajo. La suma total del valor de

todos los trabajos nos da el presupuesto de mano de obra y materiales del proyecto.
- Análisis Estratégico: Es la definición de la forma en que se ejecutará, administrará y coordinará la construcción de la obra o el desarrollo de esta. Esto genera determinadas actividades que deben realizarse, pero que no se encuentran en los planos de construcción, sin embargo, todas estas actividades tienen un costo en lo que representa el presupuesto de la obra.
- Análisis del Entorno: Definición y valorización de costos no ligados a la ejecución física de actividades o de su administración y control, sino de requerimientos profesionales, de mercado o costos gubernamentales como: servicios públicos, trabajos de mitigación de impacto ambiental, seguridad ocupacional, etc.
- Características importantes de un presupuesto de obra
  - Aproximado: puede variar debido a atrasos en materiales, factores climáticos, imprevistos, entre otros.
  - Temporal: al tener un mercado cambiante, los precios varían y no son definitivos.
  - Particular: todo proyecto conlleva un presupuesto único.
  - Herramienta de control: permite correlacionar la ejecución presupuestal con el avance físico, su comparación con el costo real permite detectar y corregir fallas y prevenir causales de variación por ajuste en alcances o cambios en actividades. No debe

concebirse como un documento estático, cuya función concluye una vez elaborado. El presupuesto de construcción se debe estructurar como un instrumento dinámico, que además de confiable y preciso sea fácilmente controlable para permitir su actualización sistemática y evitar que se convierta en una herramienta obsoleta y de poca utilidad práctica.

PRESUPUESTO DE UNA CASA BASADO EN CIERTAS ACTIVIDADES	CANTIDAD	UNIDAD	PRECIO UNITARIO	PRECIO TOTAL

- ✧ Lista de materiales: Es la lista de insumos con cantidades y especificaciones para hacer un trabajo, usualmente esta lista se obtiene de los planos. Con la información del apu de una actividad se puede generar una lista de materiales. Por ejemplo usando el apu del ejemplo anterior, la columna denotada como cantidad pasa a considerarse como rendimiento y obteniendo de los planos la cantidad en m2 que necesitamos construir, multiplicamos por el rendimiento para obtener la cantidad que necesitamos cotizar.

MURO DIVISORIO BLOQUE ESTRIADO NO 5 POR M2	U.M.	RENDIMIENTO	M2	CANTIDAD
BLOQUE NO 5 P-H TE 33X11.5X23CM	UN	13.48	127	1712

- ✧ Entregas o Muestras: Es el material o la información que se le pide a los proveedores o contratistas como muestra de lo que estarían enviando o instalando en la obra. Estas pueden tomar la forma de hojas de especificación, reportes de testeo, dibujos técnicos, ejemplos de los materiales, etc. Usualmente hay una plantilla donde se registran estas muestras y si han sido revisadas y aprobadas por el arquitecto o ingeniero. El objetivo de estas muestras es asegurarse de que la obra tenga los materiales con la calidad que ha sido diseñada. Muchas de estas pruebas se piden en referencia a las notas que han sido especificadas por el arquitecto o ingeniero en el dibujo.
- ✧ Pedidos de Información: Es esencia la petición al ingeniero, arquitecto o contratista de cómo piensa hacer algo en la obra, o si hay alguna confusión o discrepancia entre lo que el dueño quiere, el proyecto requiere y lo que el arquitecto, ingeniero o contratista propone y se necesita aclarar o solucionar esa discrepancia.
- ✧ Materiales y Métodos: En esta etapa también define qué materiales y métodos va a usar en su construcción tales como guadua, ladrillo, estructuras metálicas, madera, plástico, casas prefabricadas, casas modulares, placas de

concreto prefabricadas, construcción en seco, etc.

DESARROLLO DEL PROYECTO - DISEÑO – LICITAR – CONSTRUIR

Dueño

Arquitecto
- Estructural
- Mecanico
- Otros Diseñadores

Contratista
- Subcontratista(s)
  - Sub-subcontratista(s) y Vendedores

DESARROLLO DEL PROYECTO – DISEÑO – CONSTRUCCIÓN

Dueño

Diseño - Contratista - Constructor
- Estructural
- Mecanico
- Subcontratista(s)
  - Sub-subcontratista(s) y Vendedores

CRONOGRAMA Y PLAN DE COMPRAS

Objetivos

- Hacer una lista inicial de materiales
- Realizar varias cotizaciones
- Hacer un cronograma

COMPRAS

- Plan del Proyecto
  - Balancear el presupuesto de la construcción
    - El gerente del proyecto debe cuadrar las prioridades de las compras basado en el cronograma de la construcción, tiempos de entrega y tamaño de la orden.
  - Identificar los oficios y servicios según el tipo de contrato
    - Subcontratos: Asegurar la labor y los oficios
    - Órdenes de Compra: Organizar las órdenes y los domicilios, órdenes con tiempos de entrega largos deben ser ordenadas con tiempo.

Imagen tomada de construcali.com

COTIZAR POR CATEGORÍAS

Puede decidir cotizar por categorías si piensa que obteniendo los materiales de depósitos específicos o fabricantes puede obtener un descuento, construcali.com le permite hacer esas cotizaciones de forma fácil.

COTIZACION POR OFICIO	PROVEEDOR 1	PROVEEDOR 2	PROVEEDOR 3
COTIZACION DE LABRILLOS, BLOQUES Y BLOQUELON	$	$	$
COTIZACION DE TUBERIAS	$	$	$
COTIZACION DE INSTALACIONES ELECTRICAS	$	$	$
COTIZACION CERAMICA PISOS Y ENCHAPES	$	$	$
COTIZACION DE PINTURAS	$	$	$
COTIZACION DE HIERRO	$	$	$

COTIZACION POR OFICIO			
	$	$	$
	$	$	$
	$	$	$
	$	$	$
	$	$	$
	$	$	$

COTIZACIÓN POR AVANCES

Puede cotizar por avances de la obra, a medida que el constructor va progresando en la obra, le va requiriendo materiales. Sigue siendo una buena práctica cotizar donde varios proveedores y obtener los materiales donde mejor le convenga.

COTIZACION POR AVANCES	FECHA	PROVEEDOR 2	PROVEEDOR 3
CIMENTACIONES, PLACAS, COLUMNAS, VIGAS		$	$
LEVANTAMIENTO DE PAREDES		$	$
COCINA EN OBRA NEGRA		$	$
BAÑO EN OBRA NEGRA		$	$
TECHO EN PLACA FACIL BLOQUELON		$	$
COCINA EN OBRA GRIS		$	$
BAÑO EN OBRA GRIS		$	$
COCINA EN OBRA BLANCA		$	$
BAÑO EN OBRA BLANCA		$	$
CERAMICA EN EL PISO		$	$
ESTUCO Y PINTURA		$	$

COTIZACION POR AVANCES	FECHA		
		$	$
		$	$
		$	$
		$	$
		$	$
		$	$
		$	$
		$	$
		$	$
		$	$
		$	$

¿QUÉ ES UN CRONOGRAMA?

Es la programación de actividades estimando su tiempo de duración con unas educadas aproximaciones. Deberán estar listadas de arriba hacia abajo en su orden de ejecución o prioridad de cumplimiento ya que muchas veces algunas actividades dependen de cuando se terminan otras. Las actividades o elementos de ejecución se definen por oficio o por formas de ejecutarlas. Muchas veces se usa el presupuesto para ayudar a hacer el cronograma, sin embargo otros elementos como la complejidad del proyecto o el sistema constructivo juegan un papel importante en su definición.

¿Que incluye un cronograma?

- Definir y desglosar los trabajos generales a ejecutar como por ejemplo; demolición, albañilería, electricidad, plomería, pintura
- Tiempo de inicio y finalización de cada uno de los trabajos desglosados.
- Rutas Críticas: Aquellos trabajos de los cuales depende el resto.
- Hitos o puntos de control para revisar y comprobar el estado de la obra.
- El Diagrama de Gantt es la estructura usualmente usada para hacer cronogramas.

PLANEANDO UN CRONOGRAMA DE TRABAJO

- ✧ Calendario
- ✧ Que estamos haciendo
- ✧ Oficios
- ✧ Actividades

✧ Dependencias

PORQUE HACER UN CRONOGRAMA DE UN PROYECTO?

- ✧ Habilidad para calcular con precisión la fecha de terminación de un proyecto
- ✧ Capacidad de mostrar a los interesados la duración total y las relaciones requeridas para completar exitosamente el proyecto.
- ✧ Capacidad de calcular el comienzo y final de una actividad específica, ilustrando la secuencia o domicilios con largos tiempos de entrega o materiales esenciales.
- ✧ Capacidad de coordinar entre los diferentes oficios y subcontratistas, permitiendo la exposición y corrección inherente de conflictos en el cronograma antes de que el trabajo empiece.
- ✧ Proyectar el flujo del dinero
- ✧ Desarrollar una herramienta efectiva de control del proyecto para manejar el progreso y analizar la eficiencia del trabajo.

HACIENDO UN CRONOGRAMA

- ✧ Determinar las actividades del trabajo
  - ■ Presupuesto del proyecto
  - ■ Especificaciones
  - ■ Revisar los planos y la logística

Una vez más los análisis de precios unitarios junto con los planos o el presupuesto nos ayuda a determinar la cantidad de días para una actividad.

En este ejemplo usamos los días laborables de lunes a viernes para contar los días correspondientes a cada actividad.

Una vez se llena una tabla así como esta con el cálculo de las fechas y los días para cada actividad, podemos proceder a usar estas fechas en una cuadro Gantt.

LISTA DE ACTIVIDADES	FECHA INICIO	FECHA TERMINADA	# DE DIAS
PLACA CONCRETO 3000 PSI 10 CM MALLA ELECTROSOLDADA	01/06/2021	11/06/2021	9
COLUMNAS 40 X 30CM	14/06/2021	05/07/2021	16
FACHADA MURO EN CONCRETO ESTRUCTURAL	06/07/2021	12/07/2021	5
PAREDES DRYWALL DOBLE CARA E=10CM	08/07/2021	02/08/2021	18
TECHO EN PLACA FACIL BLOQUELON	03/08/2021	06/08/2021	4
PISO CERAMICA 57.5X57.5CM	09/08/2021	11/08/2021	2
ENCHAPE BANOS Y COCINA, CERAMICA 20.5CMX30.5CM	12/08/2021	20/08/2021	7
ESTUCO Y VINILO 3 MANOS	23/08/2021	03/09/2021	14
INSTALACIONES ELECTRICAS	08/07/2021	17/08/2021	30
INSTALACIONES SANITARIAS	08/07/2021	17/08/2021	30

LISTA DE ACTIVIDADES	FECHA INICIO	FECHA TERMINADA	# DE DIAS

- Construir una lista preliminar de los mayores componentes del proyecto
- Dividir los mayores componentes en actividades o tareas mas pequeñas.

  - Lugar
  - Tamaño
  - Tiempo / Cronología
  - Responsabilidad
  - Transiciones de fases

EJEMPLO DE COMPONENTES MAYORES

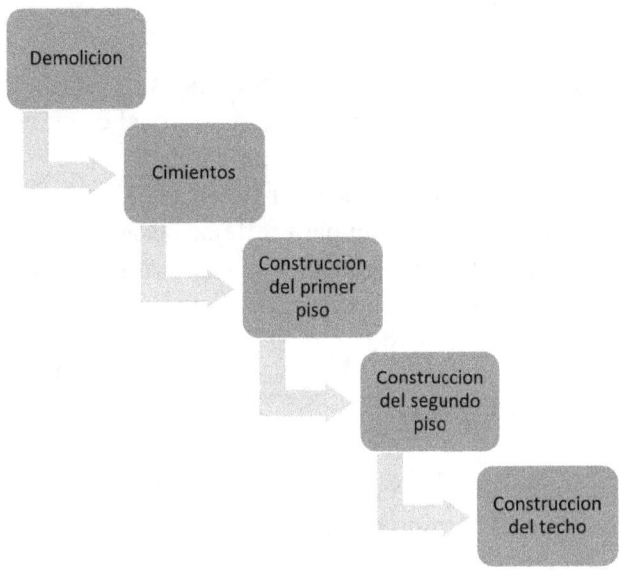

CAMINO CRITICO Y VEEDURIA

Objetivos

- ❖ Etapas en el cronograma de un proyecto
- ❖ Rastreando el camino crítico
- ❖ Actividades de la Construcción Diarias
- ❖ Demoras en la construcción

MANEJO DEL TIEMPO

Parte de las prioridades de la gerencia es llevar el proyecto de acuerdo al cronograma, lo cual es clave para el éxito del proyecto. Los gerentes de proyectos son responsables por llevar el progreso y actualizar el cronograma para reflejar las actuales duraciones y secuencias. Coordinar el progreso en armonía con el presupuesto enseña una foto clara a los interesados a medida que el proyecto avanza.

CAMINO CRÍTICO

Los gerentes de proyectos tradicionalmente se enfocan en el camino crítico por su capacidad de directamente impactar la fecha de terminación de la obra.

- Los gerentes de proyectos tradicionalmente se concentran en el camino crítico por su capacidad de dirigir el impacto de la culminación del proyecto.

- En cada relación de cronograma tiene que haber un camino crítico
- Mas de un camino crítico puede existir y deben ser dependientes de ciertas actividades
- Caminos críticos son tradicionalmente calculados desde el comienzo hasta el final sin considerar las restricciones de recursos. El camino más largo en un cronograma de comienzo a fin.
- Si varios caminos dependen de una actividad en particular, esta actividad es inherente mente crítica.

Hay herramientas en internet como wrike.com que ayudan a hacer cronogramas Gantt.

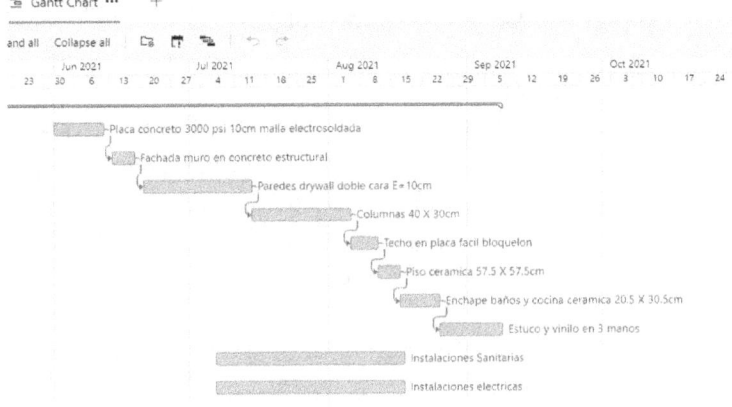

DEPENDENCIAS

Ciertos artículos de trabajo dependen en el tiempo de duración de otros artículos de trabajo.
Establecer relaciones por eficiencia (Ejemplos).

- Final a Comienzo
  - La cobertura del techo no puede empezar hasta que su estructura esté completa.
- Comienzo a Comienzo
  - El cableado eléctrico en las particiones puede empezar al mismo tiempo que los cortes para la plomería.
- Final a Final
  - Sin importar su duración, el prado y asfalto deben estar terminados antes de cierta fecha para terminar todas las actividades en la obra.
- Comienzo a Final
  - Poco sucede y puede ser redundante con las definiciones anteriores.

Los controles de la duración del proyecto requieren organización apropiada de tareas, incluyendo dependencias y subcontratistas.

1. Actividades del proyecto
2. Duración de tareas individuales y actividades.
3. Secuencia de tareas individuales y actividades
4. Interrelación de actividades de subcontratistas
5. Requerimientos de equipos para el proyecto
6. Mano de obra y Recursos Humanos - Propias fuerzas
7. Cantidad y disponibilidad de mano de obra

HACIENDO EL CRONOGRAMA PARA EL TRAMO RÁPIDO

Los gerentes de construcción pueden tener la habilidad de empezar ciertas actividades de la obra mientras los diseños se siguen desarrollando. Esto no se aplica a el escenario de diseñar - licitar - construir.
Establecer relaciones de diseño con respectivas fases de la construcción es clave para todos los involucrados.

- Fase de Diseño 1
- Fase de Construcción 1
  - Fase de Diseño 2
  - Fase de Construcción 2
    - Fase de Diseño 3
    - Fase de Construcción 3

MANEJANDO EL CRONOGRAMA

- Llevar la minuta del progreso con su cronograma. Factores Importantes
  - Metas
  - Porcentaje Completo
    - Financiero
    - Actual-en-la-obra
- Usar Herramientas para documentar su progreso
- Diario / Semanales / Reportes Mensuales
- Reuniones periódicas con Inversionistas con resumen escrito.

Reporte Semanal

REPORTE SEMANAL DEL ESTADO DE LA OBRA	
NOMBRE DEL PROYECTO: COCINA EN OBRA NEGRA	FECHA DE REGISTRO: Junio 14, 2021
CONTRATISTA: CONSTRUCTORA DM	COMPLECION ESTIMADA: Agosto 20, 2021
ESTADO DEL PROYECTO	
ESTADO DE LA OBRA: El meson en marmol que se tenia estimado llegara esta semana, no llego y el proveedor dice que es posible que no llegue hasta dentro de dos semanas. Sin embargo dice que tiene disponible otro con un color un poco distinto pero muy parecido al solicitado.	
LOGROS DE LA SEMANA: Esta semana se terminaron los muros en concreto, se instalo la tuberia y los puntos de agua fria para el lavaplatos y la nevera. Tambien se instalo la tuberia y el bajante de aguas Negras de 4". Tambien se instalo la red electrica a los tomas e interruptores.	

ESTADO DE LOS COMPONENTES DE LA OBRA			
COMPONENTE	ESTADO	EQUIPO	COMENTARIOS
PRESUPUESTO	POR DEBAJO		
ALCANCE	EN RUTA		
CRONOGRAMA	A TIEMPO		
CALIDAD	BUENA		

REPORTE SEMANAL DEL ESTADO DE LA OBRA	
NOMBRE DEL PROYECTO:	FECHA DE REGISTRO:
CONTRATISTA:	COMPLECION ESTIMADA:
ESTADO DEL PROYECTO	
ESTADO DE LA OBRA:	
LOGROS DE LA SEMANA:	

ESTADO DE LOS COMPONENTES DE LA OBRA			
COMPONENTE	ESTADO	EQUIPO	COMENTARIOS
PRESUPUESTO			
ALCANCE			
CRONOGRAMA			
CALIDAD			

DEMORAS EN LA CONSTRUCCIÓN

Reclamos comunes de Tardanza
- Debido a condiciones diferentes de la obra
- Demoras de otros contratistas

- Demora debido a revisión del diseño.
- Imprevistos por causa de la naturaleza o por fuerza mayor.
-

Escenarios Comunes de Demoras
- Tardanza Excusable
  - El contratista pide una extensión de tiempo debido a que se ha retrasado por causas mas alla del control del contratista.
    Ejemplo: situaciones meteorológicas no pronosticadas.
- Tardanza No-Excusable
  - El contratista no puede pedir una extensión de tiempo si el mismo causó el retraso.
- Tardanza Sincronizada
  - Combinación de Eventos que demoran una actividad de la obra o la obra al mismo tiempo que una demora causada por el contratista.
- Cambio del el Contenido de la Obra
  - Dentro de escenarios comunes, si el contenido de la obra es ajustado, el tiempo y el costo de los componentes también tiene que ajustarse. Si se le añade al contenido, tiempo adicional se le debe dar al contratista para completar la actividad.

Tranzar retrasos puede tomar ciclos de litigación, arbitraje o negociación dependiendo de la severidad de la tardanza. Llevar registros y la minuta es la mejor defensa de un gerente de proyectos para estar en el lado correcto de la demanda.

ENTREGA DE LA OBRA

Objetivos

- ✧ Otros si (Órdenes de Cambio)
- ✧ Listas de Pendientes
- ✧ Cierres

ORDENES DE CAMBIO Y MANEJO DEL COSTO

- El Cambio es Inevitable
  - El sistema de gestión de cambios de la obra debe identificar y documentar todas las variaciones desde los dibujos del contrato y las especificaciones y proveer un proceso para la aprobación técnica y la autorización del proyecto.
  - La Documentación de la orden de cambio debe identificar no solo el costo del impacto del cambio, sino también el cronograma y las consideración de calidad y seguridad.
- Reporte el costo, el estado del cronograma y las variaciones del plan
  - Registro de Órdenes de Cambio
  - Reporte de costo mensual
  - Formularios de pago, reportes mensuales, facturas, etc.

Orden de Cambio		
Contrucciones DM	Fecha: Agosto 25, 2021	# de Orden: 1
Carrera 104 #38-86	Dueño: Luz Maria	
Cali, Valle	Proyecto: Construcción de Segundo Piso	
Telefono.: 316-567-0903	Ubicación: Carrera 86 #104-32	Teléfono: 317-898-0994

Descripción del Cambio:
Las escaleras del segundo piso al tercer piso no se harán internas. Estas se construirán externas dándole continuación a las escaleras del primer piso al Segundo piso.

Razones del Cambio:
Las escaleras internas ocuparían espacio que puede ser utilizado de mejor forma para la ampliación de espacios interiores.

El dueño pagara la suma de : $_____ en efectivo hoy $_____ al completar $_____

Dueño:_____ Contratista:_____

Fecha de Aceptacion:_____ Fecha de Aceptacion:_____

Orden de Cambio		
Contratista:	Fecha:	# de Orden:
	Dueño:	
	Proyecto:	
Telefono.:	Ubicación:	Teléfono:

Descripción del Cambio:

Razones del Cambio:

El dueño pagara la suma de : $_____ en efectivo hoy $_____ al completar $_____

Dueño:_____ Contratista:_____

Fecha de Aceptacion:_____ Fecha de Aceptacion:_____

- Gerencia de Costo
  - Cronograma de Valores

- Cada contratista tiene que preparar un cronograma de valores en coordinación con la preparación del cronograma de progreso. Correlacionar artículos por línea con otros cronogramas administrativos y formularios requeridos para el trabajo, incluyendo cronograma de progreso, formulario de solicitud de pago, lista de subcontratistas, cronogramas de asignaciones si las hay, cronograma de alternos si hay, lista de productos y principales proveedores y fabricadores, y cronograma de especificaciones (especificados). Dividida las sumas de cada subcontratista principal en multiple artículos para cada actividad de obra. Redondee a la cifra entera más cercana, pero que el total sea igual a la suma del contrato.
- Peticiones Mensuales
  - Los procesos y requerimientos para que un contratista obtenga el pago de algún trabajo en particular son típicamente descritos en su contrato con el dueño o su contratista superior.
  - Los ciclos contractuales del pago pueden variar desde que se deba pagar cuando se recibe la factura hasta pagos según los procedimientos financieros del Dueño.
  - Entender los requisitos contractuales en relación con los procedimientos de pagos y asegurándose que su equipo entienda esos requisitos es necesario para minimizar los riesgos de pagos atrasados o exoneraciones inadvertidas o reducción de reclamos.

- Cierre
  - Cada obra requerirá ciertos artículos específicos para ser documentados para que el adecuado cierre del contrato ocurra y los pagos finales se hagan.
  - Una lista de revisión debe ser establecida al principio del proyecto para que el dueño, arquitecto y otros miembros del equipo sepan de lo que se espera al final de la obra.
  - La dueña, arquitecta, ingenieras, contratistas caminan la obra y hacen una lista de rectificaciones que haya que hacerle a la obra.

Item #	Lugar	Arreglo	Responsable	Fecha a Completar
1	Alcoba Principal	Quedaron algunos conejos en la pintura de la pared, retocar y nivelar	Pintor	Septiembre 4, 2021
2	Cocina	La silicona alrededor del lavaplatos no ha sido aplicada	Constructor	Septiembre 5, 2021
3	Cocina	Hay un gabinete torcido, hay que reinstalarlo	Ebanista	Septiembre 5, 2021
4	Baño	Hay dos baldosas rotas en el piso y tres ceramicas agrietadas en la ducha, cambiarlas	Constructor	Septiembre,4, 2021
5	Baño	La llave de la ducha esta mal puesta, con el lado del agua caliente en el lado de la agua fria	Plomero	Septiembre 6, 2021
6	Patio	Todavia hay escombros en el patio para botar	Constructor	Septiembre 7, 2021

Item #	Lugar	Arreglo	Responsable	Fecha a Completar
1				
2				
3				
4				
5				
6				

■ Típicos artículo de cierre incluyen lo siguiente:
- ◆ Quite todas las facilidades temporales, equipos, vehículos, andamios, etc
- ◆ Limpieza final
- ◆ Recoger todas las facturas y recibos de pago finales
- ◆ Reconciliar las órdenes de cambio y retenciones
- ◆ Completar y recoger todos las exoneraciones de retención
- ◆ Inspecciones finales, certificados de ocupación
- ◆ Completar la lista de conejos o errores menores
- ◆ Contactar a la aseguradora - final de la póliza
- ◆ Dibujos Factuales (Como se construyó)
- ◆ Manuales de Operaciones y mantenimiento

- ◆ Hacer y documentar los procedimientos de Comienzo
- ◆ Recoger todas las garantías de los productos
- ◆ Recoger y transferir todas las llaves al dueño
- ◆ Completar las declaraciones juradas A/E de cumplimiento del trabajo y los documentos de cierre
- ◆ Aviso de terminación, documentos de cierre de A/E

LISTA DE RECURSOS

https://www.aiacontracts.org/
https://www.firstinarchitecture.co.uk/
wrike.com
sweets.com
zoho.com
construcali.com
construdata.com
clickup.com

www.ingramcontent.com/pod-product-compliance
Lightning Source LLC
Chambersburg PA
CBHW072237230526
45466CB00024B/2093